Calendrier HORTICULTURAL TOULONNAIS,

OU

DESCRIPTION DE TOUTES LES OPÉRATIONS
d'Agriculture, Floriculture, d'Arboriculture
A EXÉCUTER DURANT LE COURS DE L'ANNÉE.

PAR
M. CAMILLE AGUILLON,
MEMBRE DE L'ACADÉMIE D'HORTICULTURE DE PARIS.

TOULON.
IMPRIMERIE DE DUPLESSIS OLLIVAULT,
Rue de la Miséricorde n.° 6.

1832.

A

M. Robert,

Directeur du Jardin Botanique

De la Marine.

Encouragé par vos conseils, plein de considération pour vos connaissances horticoles, je viens vous prier d'agréer l'hommage de mes premiers essais en horticulture : je serai heureux s'ils méritent votre assentiment. C'est dans le but de vous exprimer combien j'ai été sensible à toutes vos obligeances pour moi que j'ose vous dédier mon ouvrage.

Agréez, Monsieur, l'assurance de mon parfait dévouement,

Camille Aguillon.

PRÉFACE.

J'ÉCRIS cet ouvrage sous les impressions que l'aspect de la nature a fait naître en moi ; c'est le résultat de ce que j'ai senti, remarqué, recueilli. Je l'ai divisé de manière à ce que chaque mois soit précédé d'un sommaire de tout ce qui se passe de remarquable dans la nature. Il renferme un aperçu de toutes les opérations mensuelles. On observera que la question des travaux essentiels de l'agriculture y est légèrement traitée : je répondrai à cette observation que le but que je me suis proposé étant de parler d'horticulture de fleurs, j'ai cru ne devoir traiter du reste que d'une manière moins positive. Puisse cet écrit, tout informe qu'il est, être utile aux jardiniers de profession, et agréable aux amateurs de plantes.

—

Description
Horticole.

Description Horticole.

TOULON est précédé au couchant par une jolie petite ville nommée Ollioules, clef d'un étroit défilé, bordé de roches escarpées, usées par les temps, décorées de quelques thyms, de quelques serpolets rabougris, inaccessibles asiles des insectes, chétive nourriture des chèvres; des passes solitaires frappent les échos de ces lieux de leurs chants de tristesse. On dirait que la nature a déposé ses richesses à l'entrée de ces gorges et qu'elle est venue les entasser à leur sortie, comme pour détruire dans l'esprit des voyageurs l'impression pénible que l'aspect de ces arides roches a pu leur inspirer. Des oliviers centenaires au feuillage grisâtre, confondus avec de verts orangers, des citroniers, d'agrestes jujubiers, couvrent les côteaux de leurs têtes onduleuses ; des fleurs jetées par masses avec ordre et symétrie par la main des jardiniers, et non par la nature; l'haleine des zéphyrs balançant des parfums : on est surpris du coup-d'œil qui vous frappe à Ollioules. Une rivière aux ondes limpides, jaillissant de cascades en cascades, animant des moulins, fertilisant des prairies, des jardins, va perdre et son nom et ses eaux dans la pleine mer.

On arrive à Toulon par une route ornée d'arbres divers; des pins çà et là de tous les âges, de toutes les tailles, jetés en bois ou isolés sur les monts, placés comme des sentinelles vigilantes pour veiller sur quelque jeune et naissante plante; de hauts peupliers d'Italie, un terrain varié en plaine, en côteaux, sillonné par deux ruisseaux alimentés en hiver et en printemps, mais en été n'offrant plus que leurs couches caillouteuses. Des oliviers, des vignes sont les accessoires du paysage.

La nature prodigue de faveurs semble les avoir versées sur certains points privilégiés autour de la ville. Vers la porte de France plusieurs jardins particuliers, riches de fraîcheur, d'arbres et d'eaux. Parmi ceux-ci le jardin botanique de la marine, très-remarquable sous tous les rapports, orgueilleux de son chef et de ses richesses végétales. Des cyprès chauves, moins vieux que ceux sur les genoux desquels l'immortel auteur des Natchez vit Outhougamy reposer René qu'il venait d'arracher aux barbares Illinois, étendent leur ombre sur des camelias du Japon; des cierges du Pérou élevant leurs tiges aiguillonnées se détachent sur des murs tapissés de guirlandes de banksia, des magnolia, des sterculia, des accacia croisent leurs branches montrant leurs têtes les uns au-dessus des autres, confondent leurs feuillages élégans et livrent aux vents leurs écharpes de verdure. Sous leurs fronts des plantes de tous les points du globe scientifiquement classées pour l'étude ou arrangées sans art dans d'autres parties du jardin, partout des eaux, des fleurs, des mousses. Sur la route d'Italie des forêts d'oliviers ; dans les propriétés des figuiers, des amandiers se mariant entre eux. Jusques auprès d'Hyères les campagnes présentent la même magnificence d'arbres ; des platanes d'Orient, des mûriers en berceaux, des lauriers-thyms en tonnelles décorent les habitations. Comme disent nos paysans, l'aîné des jours (le soleil) s'éveille chaque matin, humide de rosée dans les voiles blanchissans de l'aube, il brille sur un horizon presque toujours sans nuages ; des sources abondantes cachées sous des monts arides qui servent d'abri naturel à notre cité, engraissent nos champs dans les brûlantes chaleurs.

Les bords maritimes ont aussi leur agrément; du côté de Sainte-Marguerite, une anse flanquée de rochers énormes, dans leurs fissures des aloës vulgaires; plus bas s'élancent vers les cieux des pins noueux semblables à des titans qui viennent baigner leurs pieds dans une mer bleuâtre; des genêts, des thyms, des lavandes échauffés par le soleil, exhalent une odeur embaumée : souvent les flots se heurtant sur cette plage délicieuse, s'élancent, et impreignent de leurs embrassemens salés les rocs et les troncs déracinés de quelque antique chêne ou de quelque pin devenu la proie des insectes. En tournant la côte pour entrer en rade, des sites enchantés, chauds de tons, frais de verdure, arrêtent les promeneurs curieux. La rade en forme de croissant est ornée de monts boisés, une chaîne plus élevée au dernier plan, sur les devants des côteaux cultivés. Notre site est un échantillon de celui de la belle Italie ; nous ne connaissons pas les brouillards du Nord ; si parfois ils se traînent sur nos campagnes, le vent du N.O., nommé ici Mistral, se hâte de les balayer subitement ; à peine si quelques flocons informes de ces brumes légères restent attachés aux sommités de nos montagnes. La nature est mâle dans notre Provence, nos paysans ont le teint brûlé, les épaules larges, l'œil de feu ; les femmes sont gracieuses comme des silphydes ; la population est en parfaite harmonie avec nos monts arides, nos pins agrestes, notre température embrâsée.

Tous les légumes de l'Espagne, de l'Italie sont cultivés à Toulon. Les fruits de l'Inde, de la Chine, de l'Amérique Méridionale, croissent dans nos jardins. Les serres chaudes nous fournissent les productions des zônes chaudes, les ananas, le café, les cannes à sucre.

Nous sommes fiers de notre soleil, heureux de nos richesses, un coup de bêche suffit pour faire naître des fleurs, nos prairies en sont naturellement émaillées.

La ville d'Hyères, à quelques lieues de Toulon, est un pays de fées par les merveilles horticoles dont elle est enrichie; je me propose plus tard d'en donner une notice.

Tel est en peu de mots la description

de notre ville, de ses campagnes sous le rapport de l'horticulture; j'espère qu'il ne paraîtra pas exagéré; on pourrait en dire davantage, mais les couleurs manquent à la palette du peintre, l'imagination s'émousse à mesure qu'on fait un pas de plus dans le sanctuaire de la nature.

CALENDRIER

HORTICULTURAL.

Janvier.

SOMMAIRE.

Les Provinces du Nord de la France sont pendant ce mois exposées à toutes les rigueurs des frimas; Toulon favorisé par sa position naturelle et par celle qu'elle occupe sur le globe, jouit d'un commencement anticipé de printemps; quelques jours de pluie, quelques matinées froides, sont le complément de l'hiver.

Les oiseaux font résonner les échos de leurs gracieux ramages. Le soleil roule son disque lumineux sur nos campagnes, et ranime la nature engourdie.

TRAVAUX DES CHAMPS.

Plantation, taille de la vigne. Semer des pois, des fèves. Tailler et façonner les arbres fruitiers. Enfouir du fumier dans les faisces pour les semences des céréales. Emondage des oliviers.

PARTERRES.

Remonter les plates-bandes de fleurs, enlever les plantes en mottes pour exécuter des bordures, par ce moyen assuré on en jouit en printemps. Sabler les allées. Dans des petits carrés terrautés semer des giroflées pour les avoir de primeur. Faire aussi des pieds d'alouette, etc., pour bordures.

SERRES.

Enlever les feuilles mortes; préparer des boutures de plantes des zônes tempérées. On peut aussi exposer en pleine terre des boutures d'arbustes et arbres vivaces à feuilles annuelles. Ne presque pas donner d'eau aux baches pour éviter de refroidir les plantes ; les couvrir de paillassons tous les soirs peu avant le déclin du soleil. Fermer les serres avec le soleil, ne point les ouvrir les jours froids et pluvieux ; par une sage direction faire ensorte que la température soit autant que possible le jour à 7 ou 8 degrés Réaumur, et la nuit à 2 ou 3 au-dessus de zéro.

Février.

SOMMAIRE.

Les campagnes commencent à se couvrir de leur verte parure. Les amandiers sont tous blancs de fleurs ; un air embaumé est balancé par les vents ; un vague indéfinissable de plaisir, de charmes, semble agiter toutes les créatures. Les papillons se hasardent à venir se balancer sur les printannières naissantes.

TRAVAUX DES CHAMPS.

La saison est encore bonne pour les mêmes opérations qu'en janvier. On sème la graine longue ; on plante les arbres à fruits et autres.

PARTERRES.

Élaguer les plantes parasites , repiquer quelques giroflées ou autres fleurs qui ne craignent pas le froid. Dépoter les hortensia dans les premiers jours du mois.

SERRES.

Toujours les mêmes soins pour les serres ; éviter les progrès de l'étiolement. Ménager les arrosages, par ce mode on ralentit l'élan de la végétation. Quant aux plantes grasses et aux arbustes à feuilles annuelles, chacun sait qu'il est inutile de leur donner de l'eau.

Mars.

SOMMAIRE.

Le maître de la nature prodigue ses faveurs à tout ce qui nous entoure. Les oiseaux sont plus tendres dans leurs chants; on les voit voltiger, des joncs, des pailles au bec, ils bâtissent leurs nids. Quelques hirondelles solitaires fendent les airs ou se jouent sur le cristal des eaux. Les grenouilles, le soir, ont l'air d'entonner des hymnes à la louange du printemps. Des coups de Mistral aussi prompts que la foudre soulèvent les ondes, secouent les arbres fleuris, semblent prêts à engloutir tout ce qui vit, dans une destruction générale. Arrêtons-nous, respectons celui qui déchaîne la tempête, il a un but. Des créatures engourdies il réchauffe l'être; bientôt des jours sereins, des jours de délices succèdent aux fougeux autans.

TRAVAUX DES CHAMPS.

Binage des vignes. On bêche les oliviers, on achève de labourer les terres. Les Haricots, les asperges sont semés. On enlève les mauvaises herbes. Les jardiniers ont soin de faire des tables de laitues, choux, etc. Les artichauts donnent plus de fruits. Tous les arbres se parent de fleurs.

PARTERRES.

Toutes les graines d'été sont semées dans des vases numérotés, ou dans des petits carrés exposés au midi. On fait des boutures de giroflées jaunes et autres : on met en terre les tubercules de dalhias, on sème les graines qu'on en a recueillies l'année d'avant. Les dalhias doivent être placés à la profondeur de 4 ou 5 pouces, à la distance d'un pied les uns des autres. Les arbres verts peuvent encore être transplantés. Il faut avoir soin de fournir de l'eau aux plantes qui soulèvent la terre, sans cette attention on court le risque de les voir périr. Mettre sur couches des vases remplis de patates pour les faire sortir de leur engourdissement un instant plutôt. Gratter les plates-bandes à fleurs pour rafraîchir les plantes.

SERRES.

Vous commencez à donner plus d'air à vos plantes pour les habituer insensiblement à la température extérieure à laquelle on les exposera sous peu. Arroser fréquemment. Il faut toujours entretenir la propreté pour éviter que des insectes nuisibles ne s'introduisent dans vos vases : leurs ravages sont incalculables.

Avril.

SOMMAIRE.

De toutes leurs graces les campagnes sont parées; les prairies, les jardins sont émaillés de fleurs. Les bois revêtent leurs écharpes de verdure; de nouveaux réseaux, les lierres et les chèvres-feuilles enlacent le tronc des chênes. L'active araignée tend ses filets sur le bord des ruisseaux. Une légère brise ride la surface des mers; jusques au fond des ondes la végétation renaît, les plantes marines s'étendent et cachent dans leurs replis gracieux les amours des coquilles; et soulevant leurs feuilles détachées, elles servent de berceau aux jeunes poissons. Un vague indéfini plane sur tout ce qui a vie.

CHAMPS.

On donne un nouveau labour aux guérets, pour recouvrir le vieux chaume. Les jardins potagers et fruitiers sont disposés de manière à ce qu'on puisse les arroser à fil. Les melons sont semés sur place. Les fèves, les pois sont aussi bèchés. L'on débarrasse le blé de toutes les herbes étrangères qui l'étouffent. On s'occupe toujours de préparer le terrain pour les semailles de l'année prochaine. On greffe à la broque. Divers légumes sont confiés à la terre.

PARTERRES ET SERRES.

Vers la fin du mois on repique les plantes d'été telles que balsamines, marguerites etc. On poursuit les semis. Dans les derniers jours d'avril, on sort les plantes de la serre, et on les rempote. Quelques-unes telles que la nombreuse famille des plantes grasses n'ont besoin de changer de vase qu'en tant que les racines se font jour par le trou destiné à l'échappement de l'eau. Les cactus, aloës, exigent une exposition à mi-soleil, sans cette précaution ils sont sujets à une espèce de rouge qui les attaque et les fait se fondre. Dans des pots plus petits sont posés les sujets qu'on a séparés des tiges mères, et pour leur donner le temps de reprendre on les expose dans un lieu frais et ombragé; ce mode est applicable à toutes les autres plantes à tiges ligneuses ou herbacées. On laisse encore dans la serre les plantes les plus délicates en fleurs pour leur permettre de mûrir leurs graines, attendu que exposées au grand air, les rosées abondantes détruiraient à la fois et les fleurs et les graines. Des boutures sont faites de toutes les tiges aoûtées qu'on enlève. Tout amateur doit étudier avec attention l'exposition qu'il va accorder à ses fleurs. Quant à la serre chaude aux châssis vitrés on leur donne plus d'air.

Mai.

SOMMAIRE.

Le grand moteur de tout ce qui existe a mis le comble à toutes nos richesses champêtres. Les chênes orgueilleux et les genêts timides ont repris leur nouveau feuillage ; tout est en harmonie dans la nature, et le rossignol qui réchauffe ses petits dans son nid de paillè et de feuilles sèches, et la rose qui étale ses atours sur sa tige hérissée de piquans aiguillons. Une douce climature anime la nature entière. Les vents ont diminué leurs violences; d'abondantes rosées, des pluies salutaires, de rubis, d'émeraudes, enrichissent au lever du soleil les herbes de nos champs, les fleurs de nos prairies. Insectes, oiseaux, créatures vivantes, mousses, tout enfin est ému des douceurs du printemps.

CHAMPS.

Vers la fin du mois on coupe les seigles; les fèves, les pois donnent des fruits en abondance. Les blés commencent à mûrir; leurs ondes dorées se balencent sur les guerêts. Les melons sont taillés. On assujettit les jeunes arbres avec des tuteurs pour profiter de l'ascension de la sève et les mieux diriger.

Tous les légumes continuent d'abonder dans les jardins potagers. C'est le moment de confier les patates à la terre. Les abricots alexandrins commencent à mûrir ; les fraises, les cerises aussi donnent signe de mâturité.

JARDINS FLEURISTES.

On fait une guerre active aux limaçons et colimaçons qui rongent les jeunes plantes d'été. Les serres sont entièrement privées de leurs habitans. Les camelias sont placés au nord sous des arbres pour les garantir de la chaleur et du soleil qui leur sont nuisibles. Les geranium disposés sur des gradins à l'ombre et battus par le vent d'est paraissent se trouver à merveille, ils sont dans leur grande beauté florale. Les arrosages doivent leur être prodigués pour subvenir à leur dépudition de sève. On continue à repiquer des plantes d'été dans toutes les plates-bandes. Des boutures de plantes de serre tempérée doivent être faites à l'air libre. De temps à autre laisser tomber l'eau avec le peigne de l'arrosoir sur les plantes, car l'expérience prouve qu'il faut autant humecter par les racines que par les branches; cette opération est à faire sur celles qui ne sont pas en fleur, attendu que cette rosée intempestive pourrait détruire leurs corolles délicates. Avec une petite bêche bêcher les vases tous les trois ou quatre jours.

C'est une erreur d'établir des arrosages réglés, il faut consulter l'aspect de la plante pour juger de ses besoins, distinguer celles à tiges herbacées dont les exigeances aquatiques sont plus actives, des ligneuses qui sont plus endurcies au sec.

Juin.

SOMMAIRE.

L'ÉTÉ promène son haleine brûlante sur la végétation, les oiseaux cherchent l'ombre. Des nuages secs s'élèvent sur la crète de nos montagnes par la forte chaleur des jours; de leurs flancs sombres et caverneux se détachent de violens coups de tonnerre suivis de terribles ondées. Souvent ces cruels orages vont porter la désolation au milieu de nos campagnes. Les soirées sont ravissantes, les étoiles scintillent de tous leurs feux, la lune promène majestueusement son disque argenté sur nos accacias endormis, sur nos liserons, nos belles de nuit ouverts pour la saluer; dans le calme universel on entend le bruit des vagues qui se brisent régulièrement sur les roches, ou qui roulent ou se déroulent sur le sable de la plage. L'homme assis sous un antique ormeau se laisse entraîner à la contemplation de toutes ces beautés; il admire l'ouvrage du Maître suprême.

CHAMPS.

On coupe les bleds, orges, avoines. On

les élève en gerbier, aux bords des aires où les chevaux les foulent quelque temps après. Les vignes étalent leurs grappes ondoyantes, celles dites de St. Jean sont mûres à la fin de ce mois. On a soin d'arroser largement les orangers, les potagers. Les abricots-pêches jaunissent, certaines poires se ramollissent sous la main.

JARDINS A FLEURS.

Les parterres exigent des soins assidus, les plantes de serre également. Il faut les arroser et sarcler souvent, les débarrasser des insectes qui vivent à leurs dépens. C'est le moment le plus avantageux pour la greffe de tous les arbres, tant à fleurs qu'à fruits. La greffe herbacée peut aussi être tentée avec succès pendant ce mois.

Juillet.

SOMMAIRE.

Les chaleurs vont croissant tous les jours, les cataractes du ciel semblent fermées sans retour.

Un calme de feu plane sur nos champs ; à midi une brise légère apportée des sables brûlans de l'Afrique, glisse sur les ondes et vient nous rafraîchir pendant quelques heures de la journée. Le lézard ravive au soleil ses muscles et les anneaux verdâtres de son dos crénelé. Des nuées de mouches cherchent un refuge sous les nervures d'une feuille de platane ou de mûrier. Les abeilles butinent sur toutes les fleurs, on les voit fendre l'air portant sous chaque aîle deux petites masses de poussière séminale. Une source jaillissante dans un creux de rocher, un pin au front altier, un platane aux larges bras sont de vrais trésors pour l'homme des champs.

CHAMPS.

La coupe des céréales s'achève sur presque tous les points. Les prairies tombent aussi sous la faulx tranchante. On poursuit la préparation du terrain pour les semis de l'hiver. Quant aux jardins potagers le talent du maraicher doit se faire remarquer en ce qu'il y ait tous les herbages de la saison. Les arbres fruitiers sont couverts de fruits mûrs.

JARDINS A FLEURS.

Les balsamines, les reines marguerites se renforcent, on a soin de les arroser plus fréquemment ; toutes les plantes d'été croissent à vue d'œil. Il faut assujettir les dalhias à des pallissades de roseaux pour sauver leurs tiges cassantes comme du verre. On distille les fleurs d'orangers. Mêmes soins que pour les mois précédens à l'égard des plantes de serre tempérée. On peut enlever entièrement les châssis vitrés des baches et de la serre chaude. Tout ce qui est enfoui dans la tannée y restera.

Août.

SOMMAIRE.

La canicule fait sentir ses approches ; si le bananier déroule ses longues et larges feuilles et le palmier ses stipes élégans, le timide lilas, l'innocente violette voient leurs feuilles étiolées se détacher et devenir la proie des insectes. Des longues files de fourmies gravissent les monticules de nos parterres, traversent des rigoles sèches, emportant des graines diverses, traînant le cadavre de l'une d'entre elles sténuée de fatigue ou morte de maladie; arrétées par un ruisseau elles le traversent sur une branche d'osier courbée par les vents. Le chien est hâletant à la porte de son maître, la langue pendante, les flancs essouflés. Toutes les créatures sont épuisées de chaleur, l'homme seul résiste avec courage à cette température desséchée.

CHAMPS.

C'est après le lever du soleil et quelques heures avant son coucher que nos paysans s'occupent de la culture de leurs champs, la chaleur les obligeant à se reposer pendant le milieu de la journée. C'est le moment de curer les ruisseaux des prairies destinés à l'écoulement des eaux, de bâtir des murs en pierres sèches. Les grappes de raisins rougissent à l'envi. Quelques melons sont bons à être cueillis. Les pêches mûrissent, les orangers étalent leurs pommes d'or.

JARDINS A FLEURS.

Les arrosages doivent avoir lieu une heure avant le coucher du soleil, c'est le moyen de les faire profiter aux plantes délicates, ils seront suspendus les jours de vent, ils ne servent qu'à faire entre-ouvrir la terre des vases. Les parterres réclament aussi une bonne portion d'eau. Quelques semis de plantes rares peuvent être essayés en plein air. Les geranium ayant donné leurs fleurs seront dépotés, et les branches superflues converties en boutures mises à l'ombre dans un endroit frais. Le cactus grandiflorus excite l'admiration des amateurs de floriculture. Les boutures de plantes grasses dont on a fait sécher la plaie se font à cette époque.

Septembre.

SOMMAIRE.

La saison des pluies se fait pressentir par des vents violens qui refoulent les chaleurs dans les déserts de l'Afrique. Les cailles quittent les contrées du Nord, elles vont vers le Midi chercher des jours sereins, portées sur les eaux, une aile élevée, l'autre baissée en aviron, elle se laissent emporter à la brise du matin. Nos rivières étonnées sentent des eaux rouler sur leurs lits naguère calcinés par le soleil; les gazons reverdissent. Des mousses se détachent avec graces des fissures des rocs; le saule-pleureur livre aux vents ses guirlandes de verdure. Des torrens d'eau s'élancent des cieux, ressuscitent nos sources taries, soulèvent les troncs des pins couchés sur les bords des abîmes, et déchirent les feuillages de nos arbres. La mer perd son bleuâtre aspect, des teintes d'eaux rouges, jaunes, fils des ruisseaux, des torrens de nos vallées vont se mêler dans son sein.

Des signes de langueur, de souffrance se manifestent dans la nature, le platane perd ses larges feuilles, les plantes délicates sont crispées par les vents et les eaux. Un oiseau sur un pin exfolié entonne un hymne d'adieu, l'active fourmi ferme ses greniers. L'horizon se rembrunit ; se charge de nuées ; le ciel perd son azur, la campagne revêt sa parure d'automne.

CHAMPS.

On fait les vendanges. Des femmes coupent les raisins, les déposent dans des paniers, les paysans les foulent sur des cuves recouvertes de planches. Les derniers coups de bêche sont donnés au sol qui doit recevoir les semailles prochaines. A la mi-septembre on cueille les pommes reinettes du Canada, les reinettes grises; un temps sec est indispensable pour cette opération. Les melons d'hiver sont également étendus sur la paille.

JARDINS A FLEURS.

A la St. Michel on prépare dans un terrain frais les boutures des diverses espèces d'œillets. Quelques semis de fleurs d'automne tels que silènes, adonis, etc., s'exécutent alors. On rentre dans la serre certaines plantes qui redoutent les premières impressions du froid. On diminue les arrosages. Les plantes doivent être exposées dans des lieux où les fortes pluies ne les submergent pas trop.

Quelques boutures sont encore de saison parmi les geranium et autres plantes à tiges herbacées.

Octobre.

SOMMAIRE.

Les prairies sont parfois blanchies de gelées matinales. Des grues voyageuses tracent des lignes dans les airs embaumés; un pigeon de passage suit les traces de hordes d'étournaux, troupes joyeuses qui fuyent nos contrées et qui vont élire dans les forêts de l'Afrique leur demeure d'un jour. Les premiers froids se font sentir, une bise glacée brûle les sommités de nos arbres. Le bruit rauque des vagues fait sortir le goeland du creux des rochers; au milieu des nacelles flottantes, à l'abri du port, il arrive chercher un asyle. La tempête mugit au sein des mers, des nefs hardies affrontent les ondes soulevées, les cieux sont voilés d'orages. Au coin de son âtre, le paysan raconte à sa famille quelque vieille légende, ou lui retrace quelqu'un des travaux de l'année qui s'écoule; le vent fait craquer les arbres, se joue à travers les planches vermoulues de son habitation; sourd à toutes ces scènes de la nature il s'endort jusques au lendemain.

CHAMPS.

Premières semailles des céréales. On chausse certains arbres délicats pour les soustraire aux frimas. On cueille les pommes gelées, les poires d'hiver, les grenades, et on les ferme dans une fruiterie bien aérée.

JARDINS A FLEURS.

Les plantes de serre tempérée et d'orangerie sont rentrées avant la fin du mois; on a l'attention de recueillir toutes les graines d'arbres, de plantes tant indigènes qu'exotiques, toujours par un beau temps, vers les onze heures du matin ; à cette heure, elles sont bien essuyées des rosées nocturnes. Les parterres n'exigent presque plus de soins ; on met en terre les ognons à fleurs, les jacinthes, tulipes, iris, etc. On plante des renoncules. On sème quelques graines sur place. Les panneaux vitrés ont déjà dû être replacés sur les baches et la serre chaude. La tannée est renouvelée pour le service des ananas et autres plantes des zônes brûlantes. Quelques graines de certaines variétés de mimosa, seront plantées à cette époque, dans l'intérieur de la serre.

Novembre.

SOMMAIRE.

Tout ce qui vit devient l'apanage des orages et des frimas ; une ceinture de neige couronne la crête de nos montagnes, aux jours froids. Le soleil ne nous dit pas un éternel adieu, l'automne compte aussi des beaux jours. La fauvette gazouille tristement sur le chêne déparé de feuilles, et l'épervier poursuit dans les airs la tremblante alouette. Les brebis se grouppent dans la prairie pour faire face au vent et se garantir du froid, le chien parcourt sans but, sans ordre l'étendue du vallon pour se réchauffer. La sauvage corneille apparaît dans nos campagnes attristées comme un symbole de deuil. Le nautonnier debout sur la proue de sa chaloupe agite ses bras nerveux l'un contre l'autre pour donner de la chaleur à ses flancs.

CHAMPS.

On continue à semer. On plante quelques arbres. Les artichauts, les orangers sont chaussés soigneusement. Des trous sont préparés quelques jours d'avance pour la plantation des arbres. Des semis d'amandes, de noyaux, même des graines de pins, sont faits en lieux convenables; pour leur conservation, étendez sur les semis une couche de fine mousse.

JARDINS A FLEURS.

SERRES.

Couvrez les plates-bandes de fumier très-fin. Enlevez avec la motte les plantes que vous voulez conserver pour l'année suivante et voir fleurir un instant plutôt. Tailler les geranium pour les empêcher de monter. Eviter que les insectes n'assaillissent les plantes, les laver dans une décoction pour les garantir du pou blanc. Donner de l'air tous les jours quelques heures. Tenir la serre chaude et les baches fermées autant que faire se peut, dans le cas où le thermomètre descendrait à plusieurs dégrés au-dessous de o. Chauffer la première, que la température y soit toujours à 15 ou 20 dégrés au-dessus de zéro le jour, au moins à dix la nuit; étendre des paillassons sur les vitrages quand les nuits deviennent plus froides. Arrosages modérés. Balayer journellement les allées de la serre; la propreté, on ne saurait trop le répéter, est la conservatrice des plantes.

Décembre.

SOMMAIRE.

Saison où le froid parvient au dernier dégré d'intensité. Les forêts sous leurs berceaux de verdure conservent seules un aspect animé, les pins luttent contre tous les déchaînemens des élémens ; les frimas glissent sur leurs fronts, la bise se fait jour à travers leurs branches, leurs cônes entre-ouverts se sèment d'eux-mêmes. Les arbres sont frappés d'un engourdissement général, plus de vie apparente dans leurs membres gigantesques, sous cette écorce lisse ou noueuse, l'œil du naturaliste cherche en vain le signe de l'existence. Au fond des eaux, les poissons se cachent sous les algues ; le rouge-gorge pousse son cri plaintif près de l'habitation de l'homme, il crie merci tout engourdi de froidure. L'homme seul jouit de la même vie au milieu de toutes les créatures, il sent le sang battre avec plus d'ardeur dans ses artères, image de Dieu, roi de la nature, il plane sur elle qui dort jusqu'au printemps de ce sommeil hivernal que chaque année dans son cours uniforme ramène le créateur de toutes choses.

CHAMPS.

Les terrains sont entièrement ensemencés. On plante des vignes, des arbres fruitiers. On prépare des légumes de primeurs protégés par des abris naturels. L'on peut s'occuper de la taille des oliviers.

JARDINS A FLEURS.

SERRES.

Les parterres présentent peu d'intérêt. Les serres exigent tout le temps du jardinier-fleuriste, il enlève les feuilles étiolées, il donne de l'eau au vase sec, il coupe une branche morte, il bine une plante que les herbes parasites fatiguent. Partout de l'ordre; rapprocher des jours les ixias, les oxalis. Arroser avec le tort du soleil pour donner le temps au surcroît d'humidité de se dégager avant la nuit. Peu d'eau, peu d'air extérieur sont durant ce mois deux observations essentielles à ne pas négliger.

TABLEAUX

DES

Lever et Coucher du Soleil

ET

Lever et Coucher de la Lune.